AF582081

MÉMOIRE

SUR L'INFLUENCE

DES

CHEMINS DE FER.

MÉMOIRE

SUR L'INFLUENCE

DES

CHEMINS DE FER,

PRÉSENTÉ

AU PREMIER CONGRÈS SCIENTIFIQUE BELGE, OUVERT LE 1er, AOUT 1836,

PAR

CHARLES-EUGÈNE D'HANENS,

DE GAND,

MEMBRE DU CONGRÈS SCIENTIFIQUE, NOMMÉ COMMISSAIRE ROYAL BAVAROIS POUR LA JONCTION DU RHIN AU DANUBE ET L'EXÉCUTION DU CANAL LOUIS.

LIÉGE,

IMPRIMERIE DE J. DESOER, LIBRAIRE, PLACE St.-LAMBERT.

1837.

AVANT-PROPOS.

Plusieurs journaux, en rendant compte des travaux du Congrès scientifique de Liége ouvert le 1er. août 1836, ont exprimé le regret de n'avoir pu rapporter que très imparfaitement le Mémoire que j'y ai lu dans la séance publique du 2 août, en réponse à la 5me. question proposée par la 4me. section (*Quelle influence les chemins de fer doivent-ils avoir sur la civilisation?*), parce que la lecture en avait été faite d'une voix si faible qu'elle n'avait pas permis aux nombreux auditeurs d'apprécier les vues neuves qu'il paraissait contenir. (*Observateur* du 6 août 1836, N°. 235).

C'est le motif qui me porte à donner au public ce Mémoire textuellement comme je l'ai présenté, afin qu'il puisse juger, apprécier ou critiquer tout ce que j'y ai avancé sur ce nouveau mode de communications, dont les résultats, d'après mon opinion, seront pour la génération future d'un intérêt si général qu'ils feront époque dans les annales de la civilisation et du progrès.

Si les idées qui y sont émises sont neuves, c'est là tout le mérite de mon premier essai ; car elles sont présentées dans toute leur simplicité et complètement dépourvues de ce brillant dont la rhétorique ne doit orner que des faits moins patens que ne le sont, à mes yeux, ceux que j'avance sur cette question si palpitante d'intérêt pour la généralité, qui veut du positif. Aussi, pour prouver que toutes ces opinions, celles surtout qui ont rapport au commerce et à l'industrie de notre pays, ne sont point basées sur des hypothèses chimériques, mais qu'elles pourraient bien se réaliser, je fais suivre ce Mémoire d'un Rapport à S. M. le Roi des Belges, présenté le 20 mars et le 6 mai 1833, d'une réponse du ministre de l'intérieur du 4 juin suivant, d'une lettre de l'ingénieur en chef des ponts et chaussées dans la Flandre-Orientale du 1er. du même mois, et d'une lettre que j'ai écrite le 8 septembre 1835 à S. M. le roi de Bavière, dans le but d'établir, lors de l'achèvement de notre chemin de fer vers Cologne, des communications par *rails-*

ways, entre le Rhin et le Danube, jusque dans le centre de l'Allemagne.

Si le Roi Louis adopte ce projet pour l'exécution d'un chemin de fer, ainsi qu'il fait exécuter celui d'un canal de jonction du Rhin au Danube et celui pour la navigation à la vapeur sur le dernier de ces fleuves, que je lui ai soumis tous deux précédemment, lorsqu'il m'eut nommé son commissaire royal avec mission spéciale pour la formation d'une association ayant pour but de couvrir les frais d'exécution de ce canal; alors, quoique ma mission soit terminée, et que j'agisse sans rétribution, je serai assez payé par la prospérité qui en résultera pour ma patrie, dont les objets fabriqués pourront avec avantage s'échanger contre les bois, les cuirs, crins, suif, tabac, laine, plumes, vin, soie, peaux, huile et une foule d'autres articles qui nous viendraient des bords du Danube et de ses affluens, tels que la Save, la Drave, le Pruth, etc., qui traversent des pays dont la population s'élève à plus de 17 millions d'habitans entièrement dépourvus de manufactures, où l'on pourrait utiliser nos fabricats en les échangeant contre leurs matières premières, qui y sont à vil prix, ce qui ferait que, grace aux chemins de fer, nos relations commerciales s'étendraient d'un côté le long de ces fleuves dans le Wurtemberg, la Bavière, la Bohême, l'Autriche, la Hongrie, la Servie, la Bulgarie, la Moldavie, la Valachie et les bords de la mer Noire, et de l'autre côté vers le Nord par les chemins de fer qui lieront probablement le Rhin avec l'Elbe et avec le Wéser, routes qui seraient en général très suivies, puisque les marchandises, en débarquant en Belgique, ne seraient pas exposées aux risques de mer pour se rendre dans les ports du Nord, et leur passage serait favorable au bien-être de ce royaume, puisque en transitant à travers son territoire elles y verseraient des sommes considérables, qui seraient toutes acquittées par l'étranger, soit à titre de droit, soit à titre de commission et d'expédition.

C. E. D'H.

CONGRÈS SCIENTIFIQUE DE LIÉGE.

1er. AOUT 1836.

4me. SECTION. — 5me. QUESTION.

« *Quelle influence les chemins de fer doivent-ils avoir sur la civilisation, etc.?* »

—

RÉPONSE.

Du jour où divers peuples d'un même continent auront réussi à se rapprocher en établissant des chemins de fer, une ère nouvelle datera pour leurs rapports réciproques, leurs relations deviendront plus intimes, et, des deux limites opposées du continent qu'ils habitent, ils pourront pour ainsi dire se donner la main.

Ce rapprochement des distances influera sur le commerce, l'industrie, l'agriculture, la population, les mines, les arts et sciences, et mènera à la civilisation la plus complète, sans devoir ajouter que l'établissement et l'entretien des chemins de fer mêmes procureront du travail aux artisans de tout genre et répandront l'aisance parmi la classe des employés subalternes qui y seront en grand nombre; car déjà maintenant sur le seul chemin de Londres à Birmingham on compte plus de 11,000 ouvriers et employés aux travaux de construction, ce qui peut donner une idée des ressources qu'offriront aux nécessiteux l'exécution des chemins de fer et leur entretien annuel.

Quant au *commerce*, il est incontestable que les chemins de fer procureront un débouché prompt et économique pour les articles de consommation et de trafic, tant exotiques que de l'industrie et du sol de chaque pays où ils aboutiront.

Pour appuyer cette assertion, il suffira de citer un exemple de célérité qui a eu lieu en Angleterre, où un négociant de Manchester a reçu, en un seul convoi, 1,000 balles de coton, pesant chacune 300 livres, la charge entière d'un navire arrivé dans le port de Liverpool, et qui, deux heures après, étaient placées dans ses magasins à Manchester. Ainsi 300,000 livres ont parcouru une distance de 13 lieues en deux heures.

Non seulement les chemins de fer ouvriront des communications nouvelles et rapides, de pays à pays, de ville à ville, mais même ils procureront des débouchés dans l'intérieur, où il n'existe maintenant aucune route. Aujourd'hui tous les chemins vicinaux et provinciaux se dirigent dans le même sens, c'est-à-dire de l'intérieur vers les villes, et forment des rayons dont ces villes sont l'axe; mais lorsque les chemins de fer auront établi des stations intermédiaires entre ces villes, ce sera vers ces stations que toutes les routes intérieures se dirigeront, de manière qu'elles ouvriront des communications nouvelles dans le plat pays qui n'avoisine pas celles qui se dirigent maintenant vers les villes.

Dès que des communications rapides seront établies par chemins de fer, les peuples reconnaîtront que toute barrière qui s'oppose à l'échange de leurs produits agricoles et industriels devra être renversée. Alors une liberté commerciale illimitée succèdera bientôt à ces lois douanières, préjudiciables à la généralité et créées par le fisc plutôt dans son propre intérêt que dans celui des industriels; et, quand on n'aura plus que le souvenir de ces *lois de privilège*, qui favorisent le petit nombre aux dépens de la masse, qui sont : *anti-libérales*, parce qu'elles s'opposent aux progrès de l'industrie dont la concurrence est le meilleur stimulant pour atteindre à la perfection ; *anti-sociales*, parce qu'elles entravent les relations immédiates et réciproques de peuple à peuple, que les intérêts commerciaux seuls peuvent maintenir en bonne harmonie ; *anti-financières* même, parce qu'elles arrêtent l'essor d'une consommation immense, dont les transactions sont toujours favorables au trésor, et surtout *immorales*, parce qu'elles provoquent à la contrebande, habituent le peuple à violer les lois et à être dans une sorte d'insurrection perpétuelle contre le gouvernement et ses agens ; alors les employés en grand nombre, salariés par le trésor pour empêcher la fraude, rentreront dans la classe des artisans, des industriels et des cultivateurs, et ils deviendront producteurs au lieu d'être à charge à leurs concitoyens, qui maintenant sont obligés de fournir au trésor le montant des émolumens de leurs emplois, en même temps qu'ils sont privés, par suite des obligations de ces emplois, d'obtenir les articles de consommation perfectionnés et à bas prix ; tandis que par l'abolition des douanes, en Belgique par exemple, les Belges, étant libérés de contribuer à payer le salaire des employés, verraient par là diminuer leurs impôts en même temps que flotter dans leurs bassins les pavillons des navires de toutes les nations amarrés à leurs quais pour y porter leurs produits nationaux et y venir chercher, tant ceux du sol que de l'industrie, dont les bas prix (auxquels on pourra les livrer avec bénéfice) engageront les armateurs à y venir charger ou à y échanger pour en faire un article d'exportation et de transit.

Ce bas prix sera le résultat de l'augmentation d'artisans et de producteurs que procurera l'abolition des douanes, majorée par l'immense quantité de charretiers, voituriers et conducteurs de messageries qui maintenant passent la presque totalité de leur vie sur les grands chemins, où la fatigue et la monotonie en font pour ainsi dire des machines mouvantes incapables de produire une idée; car tous ces hommes mécaniques, privés de leurs occupations actuelles lorsque les transports s'effectueront par les *rails-ways*, deviendront aussi agriculteurs ou industriels, et, obligés dès lors à pourvoir eux-mêmes à leur existence, ils feront surgir, grace à leurs besoins, outre des articles de commerce ou de consommation déjà existans, d'autres qui, sans cela, resteraient peut-être encore longtemps ignorés, et qui, par leur manipulation, deviendront de nouveaux moyens d'existence pour une infinité de leurs concitoyens, qui obtiendront à bas prix, par cette concurrence, par l'abolition des droits d'entrée et par les transports accélérés, tous les articles tant indigènes qu'étrangers nécessaires à la consommation générale.

L'Industrie, protégée par des débouchés prompts et faciles, livrée à elle-même, sans lois dites protectrices autres que celles d'encouragement, entrera dans la vaste carrière du progrès, dont les limites seront d'autant plus étendues qu'il y aura davantage de concurrens jouissant à leur gré de la plénitude de leurs droits et du libre exercice de leurs facultés; car ce ne sera plus seulement parmi les habitans d'un cercle très circonscrit autour des établissemens industriels que l'on sera forcé de chercher les mains ouvrières; la rapidité et la médiocrité des frais de transport par les *rails-ways* permettront de trouver au loin, dans les hameaux et villages où le salaire est à bon compte, des artisans qui pourront participer aux travaux des fabriques. Les industriels marcheront alors sans entraves dans la voie du progrès, où ils ne seront plus arrêtés que par les bornes de leur génie et de leurs moyens, surtout lorsque les expositions des produits de l'industrie, qui sont une sorte de cours pratique où l'épreuve du jugement public classe tout à sa juste valeur, leur auront appris quels sont les articles de consommation généralement approuvés et desirés, et leur auront fait connaître la juste appréciation de la valeur de leurs inventions et de leur perfectionnement, en détruisant les illusions auxquelles l'inventeur peut se laisser entraîner.

L'Agriculture, base sur laquelle sont fondés le commerce et l'industrie d'une nation, source première de sa prospérité, puisque ses produits alimentent le commerce et l'industrie, satisfont les besoins de la généralité, et procurent l'aisance aux industriels des villes qui perfectionnent par leur manipulation les matières premières que les champs leur fournissent, l'agriculture éprouvera aussi une révolution favorable par l'établissement des chemins de fer, qui, en offrant un moyen de transport facile, prompt et économique, seront cause que les cultivateurs iront voir par eux-mêmes les méthodes usitées dans les cantons qui sont le plus avancés en agriculture, ou dans les fermes modèles; qu'ils pourront se procurer à peu de frais les engrais qui se forment dans les villes, carrières et usines éloignées, et qu'ils pourront, s'il le faut, donner à leurs sols les qualités végétales les plus favorables par le mélange de terres étrangères; qu'ils pourront mieux varier leurs semailles, vendre leurs produits et leur bétail avec plus de bénéfice, n'étant plus assujétis à ne les conduire qu'au marché voisin; qu'ils ne se borneront plus à ne cultiver que ce qui peut s'y débiter avec avantage; mais qu'ils sèmeront ce que leurs terres pourront rapporter le mieux, tous les marchés du continent leur étant ouverts et voisins.

Ils diminueront de beaucoup le nombre de leurs

chevaux, car n'ayant plus de charrois à faire sur les grandes routes, ils pourront même s'en passer complètement, et faire exécuter leurs labours et travaux agricoles par des bœufs et des vaches, qui offrent, outre l'avantage de ne point consommer d'avoine ni une si grande quantité de fourrage, celui de ne point avoir besoin de harnais, d'un entretien coûteux, d'augmenter tous les ans en valeur au lieu de diminuer de prix comme les chevaux, et de produire plus d'engrais en raison du plus grand nombre de bêtes à cornes nécessaires pour faire le même travail effectué par des chevaux, nombre qui, loin d'être préjudiciable à l'agriculteur, lui donnera un bénéfice certain, puisque le même espace de terrain nécessaire pour l'entretien des chevaux, peut suffire à la subsistance d'un nombre double de bêtes à cornes, qui toutes augmentent de prix en vieillissant et en engraissant, et qui sont toutes productives d'intérêt.

Cette augmentation de bétail pour le même espace de terrain, en procurant plus d'engrais fera renoncer aux jachères, et toutes les terres, y compris celles nécessaires maintenant pour l'entretien des chevaux, pourront rapporter, soit des céréales pour servir directement à la nourriture des hommes, soit des plantes fourragères et légumineuses qui aideront aussi indirectement à notre subsistance tout en servant à l'entretien et à l'engrais des bêtes à cornes, dont le nombre pourra augmenter considérablement, et cette masse de bétail transportée facilement et économiquement dans les divers marchés au moyen des routes en fer, produira partout un surcroît d'abondance à la consommation humaine, en même temps que les races bovines et chevalines s'amélioreront; car les cultivateurs trouvant leur bien-être dans l'engrais et la multiplication du bétail, donneront tous leurs soins pour en améliorer l'espèce et obtenir des sujets productifs pour le laitage et l'abattage. Ils pourront aussi d'autant mieux réussir à effectuer des croisemens convenables, que les chemins de fer leur éviteront des voyages longs et coûteux pour se procurer les sujets qui réunissent les qualités propres à favoriser ces améliorations, et étant convaincus alors que les chevaux ne devront plus servir pour les charrois, ni pour faire exclusivement les travaux des champs, ils les élèveront pour en faire un article de spéculation, afin de les vendre pour le luxe et les remontes. Alors les chevaux n'étant plus dès leur jeunesse assujétis aux pénibles travaux auxquels on les emploie maintenant, pourront mieux se développer et ne seront plus ruinés avant d'avoir atteint toute leur croissance et leur force; alors aussi le cheval, ce noble animal, le compagnon et l'exécuteur fidèle des volontés de l'homme, en rentrant peu à peu dans la destination qui lui a été prescrite par la nature, reprendra ses formes et ses beautés natives.

En outre les chemins de fer ouvriront un débouché important aux bois de construction par la grande quantité de billes nécessaires pour leur établissement et leur entretien, et pour la construction des divers entrepôts et magasins aux stations; ils feront augmenter la consommation des bois de charronage pour les waggons et voitures en tous genres qui les parcourront et qui y apporteront les approvisionnemens.

Ainsi l'établissement des chemins de fer influera avantageusement sur le commerce, l'industrie et l'agriculture, ces trois sources principales de la prospérité des peuples, qui, lorsqu'elles sont réunies et florissantes, prouvent par leurs résultats la justesse et la vérité de cette grande pensée de Napoléon lorsqu'il a dit :

« L'agriculture est l'ame, la base d'un empire.

» L'industrie est l'aisance, le bonheur de la population.

» Le commerce extérieur est la surabondance et le bon emploi des deux autres. »

Les *rails-ways* en étendant les communications agiront aussi sur le bien-être, la salubrité et l'augmentation des populations, car elles n'auront plus à craindre les disettes partielles puisque les productions de toutes les autres parties du continent pourront affluer presque sans frais vers le point qui en serait menacé, et lorsqu'un réseau de rainures en fer s'étendra en tous sens pour réunir les villes entre elles, l'on ne rencontrera presque plus de landes stériles et inhabitées dans les lieux qu'elles traverseront ; le prix modique de ces terres, la facilité de s'y rendre et d'y transporter les matériaux nécessaires aux constructions, engageront des spéculateurs et des familles laborieuses à y construire des habitations, et bientôt l'on verra la stérilité et l'isolement de ces lieux qui n'offrent encore que bruyère et fougère remplacés par des moissons abondantes et par une population *saine*, *vigoureuse*, *contente* et *vertueuse*; *Saine*, parce qu'elle ne devra plus, pour s'approcher du centre des affaires, s'entasser dans les galetas des villes, puisqu'elle pourra trouver le salaire de son travail industriel tout en respirant un air pur, qu'elle ne sera plus autant exposée au fléau des maladies pestilentielles ou contagieuses, n'étant plus réunie dans une agglomération trop resserrée, et pouvant facilement et à peu de frais changer d'air; *Vigoureuse*, parce que dans les champs l'espèce humaine peut mieux se développer dès l'enfance, et n'y est point étiolée par les vices et la débauche; *Contente*, parce qu'entouré de sa famille l'artisan pourra, dans ses momens de loisir, trouver à se récréer par les plaisirs champêtres qui procurent la paix de l'ame sans énerver le corps; *Vertueuse*, parce que loin des villes la population, moins nombreuse et sous la surveillance plus immédiate de dignes pasteurs, y aura dès l'enfance plus de moyens de recevoir les principes de religion et de morale, en même temps que l'instruction primaire y sera enseignée par des hommes qui devront joindre les bonnes mœurs aux talens; que les caisses d'épargnes, qui ne tarderont pas à y être ouvertes aux économies de l'artisan, lui fourniront une ressource pour les crises de gêne momentanée qui pourraient l'exciter au crime, et parce que, lorsque le travail sera ainsi partagé et que l'alimentation sera devenue peu coûteuse, la misère, principe des délits, sera bientôt bannie des campagnes. Aussi quelques années suffiront pour prouver, par les documens statistiques sur cette matière, la mesure des progrès qu'aura obtenus l'amélioration sociale.

Les mines et carrières trouveront dans cette nouvelle communication un moyen de transport économique et une consommation pour leurs produits en fer et pierres, indispensables pour son établissement.

Les frais de transport par *rails-ways* devenant minimes, *les charbons de terre* pourront être portés au loin, et devenir même dans le voisinage des forêts le combustible employé par toutes les classes. Il y remplacerait le bois de chauffage qui, il est vrai, perdrait par-là de son prix; mais si sa culture n'offrait plus un revenu en proportion de la valeur du sol, les terrains couverts de cette espèce de bois ne tarderaient pas à être convertis en terres arables, divisées et subdivisées selon les besoins des cultivateurs et des propriétaires, et procureront, par cette métamorphose, de l'occupation à la nouvelle masse innombrable de petits métayers et d'artisans (résultat de l'abolition des douanes, de la suppression des messageries, etc., dont il vient d'être parlé) qui y trouveront leur subsistance. Or, la quote-part de la consommation de ceux-ci, qui maintenant est prélevée sur la masse des céréales produites par les grandes exploitations agricoles, n'en sera plus dès lors distraite, et en ajoutant cette quote-part à l'excédant de ce qui sera consommé en moins par les chevaux, et de ce que les terres rapporteront en plus quand on renoncera aux jachères et qu'on alternera les productions du sol, il y aura une augmentation considérable de grains, laquelle, jointe à celle du bétail, procurera une abondance telle, que le pain, la viande et les liqueurs de grains fermentés, articles de première nécessité pour la généralité, baisseront considérablement de prix sans que l'agriculteur en souffre, puisqu'il obtiendra par un surcroît de produit la compensation de la diminution de la valeur, et le prix du blé étant la base du tarif des salaires, cette diminution de la valeur des articles de première nécessité fera bientôt baisser le prix de la main-d'œuvre, ce qui sera cause que nos fabriques, grace à notre agriculture, pourront, sans avoir besoin de lois prohibitives ni de lignes de douane, rivaliser avec celles de l'univers entier, du moment où elles recevront, par suite de l'abolition des tarifs douaniers, les matières premières sans aucun droit.

Le rapprochement des peuples d'un même continent, obtenu par l'établissement des chemins de fer, n'influera pas seulement sur l'échange de leurs produits, sur leur industrie et leur agriculture, mais encore sensiblement sur *les arts et sciences ;* car à une époque peu éloignée peut-être ils sentiront le besoin de se communiquer mutuellement les lumières et les progrès. Alors ils établiront dans un lieu quelconque du continent européen des *Congrès scientifiques universels* ou assemblées d'artistes et de savans, où seront appelés annuellement tous ceux qui se seront distingués dans un art ou une science quelconque, de quelque pays qu'ils soient, et auxquels, pour plus facilement les engager à se réunir, on accordera des frais de route et de déplacement, prélevés sur le montant d'une somme affectée à cet effet par tous les gouvernemens, qui tous reconnaîtront qu'ils sont intéressés à envoyer des membres à ces *Congrès scientifiques*, puisque ces membres, en retournant chacun dans leur patrie, y rapporteront, pour y être distribués parmi leurs concitoyens, tous les fruits récoltés dans ces assemblées de savans et d'artistes. Aussi les gouvernemens seront-ils bientôt convaincus que ces missions scientifiques procureront des avantages assez importans pour que la dépense en puisse être affectée sur les budgets et pour qu'elles soient mises sous la protection immédiate des agens diplomatiques. Alors les lumières et les progrès se répandront presqu'en même temps parmi tous les peuples composant un même continent; mais pour que ces congrès offrissent tous les résultats qu'on pourrait en attendre, il faudrait encore que tous les membres qui s'y réuniraient pussent facilement se communiquer leurs idées et discuter leurs opinions, leurs inventions et leurs méthodes, ce qui fera sentir plus que jamais le besoin de s'entendre en adoptant des caractères d'écriture, ou phonétiques ou hiéroglyphiques, qui exprimeraient, non des *Sons*, mais des *Idées*, en un mot des signes *Idéographiques* tels que le sont les chiffres, que chaque peuple pourrait interpréter dans sa langue nationale.

Aussi, graces aux routes en fer qui se multiplieront bientôt à l'infini, notre siècle qui a donné naissance à la puissance motrice par la vapeur, à l'éclairage par le gaz, aux communications *subfluvéennes* par les tunnels, pourra bien ne pas s'écouler sans avoir cette écriture universelle. Déjà même nous avons vu qu'un anglais, *Edwards*, à Birmingham, et plus récemment un allemand, *Charles Frédéric Van Mechlembourg*, avaient inventé un alphabet universel; si leur invention est telle que les journaux l'ont énoncée, le plus grand obstacle est surmonté; car pour la faire adopter il se présente un moyen bien simple, en supposant l'établissement de ces congrès scientifiques universels, ce serait de l'y faire admettre, et puisque, comme nous l'avons dit, les savans et artistes qui s'y rendraient, devraient, pour pouvoir se comprendre et discuter ensemble, convenir d'une langue, d'une écriture ou de signes que tous comprendraient, la connaissance d'une telle langue ou écriture qui y serait adoptée, devenant indispensable pour les savans et artistes qui, dans la suite, seraient appelés à ces congrès, il arriverait nécessairement que dans tous les pays ceux qui desireraient se perfectionner dans une science ou un art quelconque pour être dignes de figurer dans ces congrès scientifiques, s'appliqueraient à apprendre cette langue ou écriture, qui de cette manière deviendrait bientôt universelle, et si l'alphabet de Messieurs *Edwards* et *van Mechlembourg* ne remplissait pas le but desiré, je proposerais une écriture avec des signes très simples et correspondant à chaque idée dont se composent toutes les langues. Ils sont basés sur un système décimal invariable, d'une étude facile, et ils pourraient tout d'abord être rendus universels en les inscrivant dans les dictionnaires des divers idiomes en regard de chaque mot qui exprime l'idée que chacun d'eux représente. Alors, avant même d'avoir étudié à fond cette écriture et de la savoir mettre en pratique sans hésiter, on pourrait, en ouvrant son dictionnaire, y voir le signe *Idéographique* qui exprime la même idée dans toutes les langues, étant le même dans tous les dictionnaires, et les savans, parlant des idiomes différens, en se rendant aux congrès scientifiques munis chacun d'un de ces dictionnaires dans sa langue nationale, pourraient se communiquer mutuellement leurs idées par ces signes, exprimant dans toutes les langues la même idée ; cette *écriture idéographique universelle* aurait l'avantage, dans les discussions, de conduire à des résultats positifs, basés sur le mérite véritable des raisonnemens, qui seraient dégagés du prestige de l'éloquence, par lequel souvent des orateurs brillans ou impétueux parviennent à faire triompher des opinions erronées en même temps que les discussions seraient littéralement conservées, puisqu'avec un peu d'habitude on exprimerait sa pensée aussi promptement en l'écrivant ainsi, qu'en la parlant.

Ce Congrès scientifique universel offrirait encore deux autres avantages ; l'un serait de déterminer la propriété littéraire en faveur de l'auteur qui, en s'assujétissant aux formalités voulues, établirait sa propriété sur l'ouvrage qu'il y aurait présenté et empêcherait la contrefaçon à son détriment tout en laissant aux libraires de tous les pays la faculté de l'imprimer moyennant une rétribution en sa faveur ; l'autre, de généraliser les brevets d'invention qui y seraient délivrés et qui assureraient la priorité à l'inventeur qui les aurait obtenues, tout en lui accordant un droit sur tous ceux qui voudraient utiliser son invention dans quelque pays que ce fût ; ces brevets, étant généraux ou universels, seraient valables partout ; ce serait le moyen de récompenser avec justice l'auteur indistinctement dans tous les pays, suivant le mérite de son invention et en proportion de l'avantage qu'il procurerait à la généralité. Tout en rendant hommage, pour tous les peuples, au génie, qui est de tous les pays, chaque brevet général ne donnerait point à l'inventeur une concession exclusive, mais un droit sur tous ceux qui utiliseraient, imiteraient ou perfectionneraient son invention, afin de ne point empêcher la concurrence par laquelle on obtient le plus grand perfectionnement.

Les chemins de fer imprimeront aussi leur influence

bienfesante sur la *civilisation*, en rapprochant la population des campagnes des foyers de l'instruction qui se trouvent dans les villes, et en donnant aux citadins, savans, industriels ou philantropes, la facilité de répandre dans les campagnes les bienfaits de l'éducation et du progrès; car l'homme qui ne sera plus obligé, pour les besoins de son commerce, de son industrie, de son art ou science, de passer une grande partie de sa vie dans une voiture traînée lentement par des chevaux, mais qui pourra d'un bout du continent se rendre à l'autre presque sans frais et aussitôt qu'il en aura conçu la pensée, ne trouvant plus d'obstacle pour communiquer à ses voisins le fruit de ses travaux et de ses études, pourra employer le temps qu'il aurait perdu dans de longs voyages, à perfectionner ce dont il s'occupe et à éclairer ses contemporains dont les facultés intellectuelles se développeront à mesure qu'ils cesseront d'être abrutis par des travaux pénibles et monotones, dont chaque jour ils se délivrent par l'établissement de machines fesant l'ouvrage de l'homme mécanique, et à mesure qu'ils seront plus à même de reconnaître et d'apprécier tout le bien-être qu'ils pourront retirer de l'instruction.

Et lorsque, par suite des relations intimes que *ces chemins de fer* établiront entre les différentes nations qui seront parvenues à se comprendre, les peuples les moins civilisés auront appris de ceux qui le sont davantage leurs droits et leurs obligations réciproques, tant à l'intérieur qu'à l'extérieur, une lumière nouvelle fera disparaître les ténèbres de l'erreur, des préjugés et de l'ignorance; alors les peuples, ainsi internationalisés, commenceront à mieux s'entendre sur beaucoup d'objets qui forment encore des sujets de discorde et de guerre; alors aussi la force fera place à l'équité, ce ne sera plus par la voie des armes que l'on terminera les différends, mais par une sage discussion arbitrale des droits de chacun, ce qui fera que bientôt les guerres ne seront plus connues que parmi les peuplades barbares, où ces communications seront encore inconnues; car, où les intérêts seront communs, il n'y aura plus de discorde, et, s'il n'y a plus d'agression, il n'y aura plus de combats, ni de cohortes de soldats par métier, et par suite plus d'armée de ligne, ni d'impôts à payer par les peuples pour la solder et la mettre en état de manœuvrer selon les desirs ambitieux des gouvernans. Cependant les frontières ne seront pas sans défense; car les citoyens, qui ne prendront les armes que pour la conservation de l'ordre et de la paix deviendront les défenseurs de l'État lorsque la patrie sera en danger, et seront, comme l'a dit J. J. Rousseau, « *tous soldats par devoir et aucun par métier*, » ainsi que nous en pouvons voir un exemple aux Etats-Unis, où à la moindre alerte, au moindre signal, *Espagnols*, *Allemands*, *Français*, *Suisses*, *Américains*, réunis en compagnies de milice chacunes en uniforme national, courent à leur poste pour marcher sous la même bannière, avec la même cocarde, animés du même desir, celui du maintien de l'ordre et de la tranquillité publique, mettant de côté tout esprit de nationalité, et sous cet assemblage d'uniformes différens, il n'y a plus ni *Espagnols*, *ni Allemands*, *ni Français*, *ni Américains*, mais seulement une masse de citoyens armés pour l'intérêt général, qui redeviennent modestes bourgeois, sitôt après que l'ordre est rétabli.

Et quand les nations auront fait ce grand pas vers la conservation de leur prospérité et la perfection de leur civilisation, on n'en verra plus décroître ni la population, ni les ressources alimentaires; l'on ne verra plus dans les monarchies des influences privilégiées, ni des puissances monopolisées; il n'y aura plus de féodaux et de serfs, car les progrès dûs à la marche irrésistible des choses dans un siècle de lumières, en fesant voir aux dépositaires du pouvoir que l'action de la civilisation s'effectue d'elle-même, *par des communications promptes et faciles*, et en accordant à chacun le libre exercice de sa volonté et de son génie, leur feront connaître en même temps qu'il ne leur est plus loisible de s'opposer à l'exercice des droits de chacun, ni de comprimer l'émancipation des peuples, si conforme à leurs intérêts et à la dignité de l'homme. Aussi verra-t-on alors dans les Etats où les institutions libres feront prévaloir les intérêts des peuples sur ceux des castes, la prépondérance sociale passer du côté de l'industrie, et les producteurs et les industriels, dont les travaux procureront le bien-être et l'aisance aux populations, y prendre le rang que depuis les temps de la féodalité ont occupé les descendans des conquérans et des destructeurs des nations, avec cette différence, cependant, que la noblesse, tout en continuant à être le cachet du mérite, aura pour souche celui dont le génie ou les travaux auront procuré à ses concitoyens la plus grande somme de prospérité, et que, pour mériter cette distinction honorable, l'ambition de tous dédaignera la gloire des armes pour se tourner vers des études et des conquêtes industrielles.

Alors les idées politiques des peuples ne s'appuyeront plus que sur leurs intérêts essentiellement matériels, un équilibre politique, fondé sur leurs besoins physiques et moraux, remplacera celui basé sur la force militaire, l'étendue de territoire, le chiffre de la population, et la somme des impôts, qui forment maintenant la prépondérance des empires. Alors l'aristocratie féodale et le despotisme militaire seront remplacés par des formes gouvernementales dont le principe constituant n'aura en vue que l'agriculture, l'industrie, le commerce, les sciences, les arts et le mérite ; alors aussi les gouvernans seront convaincus qu'il ne suffira plus, pour être forts, de pouvoir faire tuer plusieurs milliers d'hommes, et de dépenser plusieurs millions pour conserver leurs Etats ; mais qu'ils devront montrer leur puissance par la faculté de donner non-seulement le vivre, mais encore le bien-être à ceux qu'ils gouvernent : ce qu'ils ne pourront obtenir que par le commerce et l'industrie, auxquels *les chemins de fer* viennent d'ouvrir une si vaste carrière.

En résumé, on peut-être convaincu que les *rails-ways,* ce merveilleux instrument de la prospérité générale, en portant l'industrie, les arts et sciences dans les contrées encore assoupies et plongées dans la léthargie de l'ignorance et de la barbarie y ouvriront les yeux au nouveau jour de civilisation et de gloire qui brille dans les lieux où les peuples en ont formé les premiers des moyens de communication, qu'ils procureront à la postérité des formes sociales infiniment plus complètes et plus perfectionnées, et surtout une fraternisation universelle, fondée sur les intérêts mutuels des nations et sur la fécondation progressive des forces et des richesses de la nature, produite et perfectionnée par le travail de l'homme en harmonie avec le développement de son intelligence. Mais quoique des *routes en fer* peuvent annihiler le temps et l'espace, cependant cette amélioration ne sera pas l'œuvre d'un jour ; ce sera celle d'une longue suite d'années passées dans la carrière nouvelle qui s'ouvre pour l'industrie et les lumières de tous les peuples, qui bientôt vont s'entrenationaliser par ce nouveau moyen de communication.

Liége, le 12 avril 1836.

C. E. D'H.·.

PIECES JUSTIFICATIVES.

RAPPORT AU ROI DES BELGES.

Bruxelles, les 20 mars et 6 mai 1833.

Sire,

En 1830, S. M. le roi de Bavière me nomma son commissaire royal à l'effet d'entamer des négociations avec la Société d'industrie nationale du royaume des Pays-Bas, afin d'engager cette société à se charger de l'exécution d'un canal de jonction du Rhin au Danube par le Mein (canal Louis), projet tout à l'avantage du royaume des P.-B., puisque, par cette communication, le commerce et la navigation de ce royaume auraient pu s'étendre jusque dans l'Autriche, la Hongrie et la mer Noire.

Les évènemens survenus dans ma patrie, et la séparation de la Belgique de la Hollande, ont arrêté mes négociations.

Depuis cette époque, l'expérience ayant démontré que le canal projeté pourrait, avec plus d'avantage, être remplacé par un chemin de fer dont la dépense serait moins grande et qui offrirait une communication plus facile et plus prompte, j'ai proposé à S. M. le roi de Bavière et aux chambres de ce royaume de faire exécuter un *chemin de fer* qui joindrait le *Mein* au *Danube* en passant par Francfort. A ma sollicitation, un banquier de Mayence en a demandé la concession en 1831, et les intentions de S. M. le roi de Bavière, transmises par son conseiller de Nau, sont tout-à-fait favorables à cette demande (1).

En me mêlant de cette exécution je n'ai eu en vue que le bien-être et la prospérité de la Belgique, qui réclament qu'elle puisse étendre son commerce dans le centre de l'Allemagne ; à quelle fin elle doit se ménager des communications faciles, directes et expéditives vers le Rhin et le Danube.

Le projet de former une route en fer vers les limites du royaume de la Belgique, de l'Océan vers Cologne, pourra en partie atteindre ce but, et si les communications s'étendent plus loin, le long du *Rhin*, du *Mein* et du *Danube*, ce projet sera complet.

Pour lui procurer cet avantage, j'ai proposé, outre la construction du chemin de fer pour réunir les deux fleuves, d'établir sur le Rhin de Cologne à Mayence, et sur le Danube de Pesth à Ratisbonne, des bateaux de halage (remorqueurs à vapeur) qui feraient 20 lieues par jour en remorquant les bâtimens marchands, ce qui offrirait une très grande économie et vitesse comparativement au halage actuel au moyen de chevaux.

J'avais également confié au banquier susdit, à Mayence, le soin de la formation d'une société pour la construction de ces remorqueurs, qui offriraient l'avantage de transporter en très peu de temps, par le Rhin et le Danube, jusqu'aux deux extrémités du chemin de fer, toutes les marchandises qui devront remonter ces fleuves, de sorte que si la Belgique fait promptement exécuter son chemin de fer jusqu'à Cologne, ce sera par cette

(1) Cette concession n'a pas été accordée, peut-être parce que les relations de ce banquier (L. D. et Ce.) n'ont pas paru suffisantes.

voie que toutes les marchandises seront distribuées dans le centre de l'Allemagne; mais cette exécution réclame la plus grande célérité, car les villes de Hambourg et de Bremen viennent également de projeter la construction d'un chemin de fer; la première de ces villes, dans la direction de l'Elbe vers Francfort-sur-Mein; la seconde, dans celle du Wéser vers Cologne (1), deux projets qui, loin de nuire au chemin de fer de jonction du Rhin au Danube et à l'établissement de bateaux remorqueurs, ne feront que procurer un surcroît de mouvement, mais qui, si l'on retardait l'exécution du chemin de fer à travers la Belgique vers Cologne, pourraient annuler en grande partie le commerce de ce pays, tant par la sécurité des ports de Hambourg et de Bremen, que par le bas prix de la main-d'œuvre pour chargement et déchargement, l'exemption de droit de douanes et les relations plus intimes des peuples de l'Allemagne entre eux.

Donc, pour parvenir à conserver le commerce en Belgique ou au moins à l'y maintenir dans une position à pouvoir soutenir la concurrence contre ces deux villes il faudrait Sire :

1°. Que la construction du chemin de fer en Belgique de la mer à la Prusse fût promptement exécutée;

2°. Que la formation de la société pour établir des bateaux remorqueurs de Cologne à Mayence eût également lieu sans délai;

3°. Q'avec le roi de Bavière, ou le concessionnaire de la route en fer du Rhin au Danube, il fût fait un arrangement par lequel les marchandises, passant sur cette route, expédiées de la Belgique par les routes en fer et

---

(1) Le 15 décembre 1836, la concession a été publiée dans le *Allgemeines Organ*, journal de Cologne.

les bateaux remorqueurs sur le Rhin, obtinssent une faveur qui leur donnerait un avantage sur celles expédiées par un autre pays et une autre voie.

Et à cette fin il conviendrait de pousser, avec la plus grande activité l'établissement du chemin de fer vers Cologne, et pour que la société des remorqueurs fût promptement en mesure de suffire aux besoins du commerce il serait bon que :

1°. Votre majesté et la Société belge pour l'industrie nationale se constituassent actionnaires de cette société en prenant un certain nombre d'actions;

2°. Que V. M. chargeât quelqu'un, muni de ses pouvoirs, pour traiter soit avec le roi de Bavière, soit avec le concessionnaire de la route en fer de Francfort au Danube, pour obtenir l'avantage d'une diminution de droit de péage et de frais sur tous les articles expédiés de la Belgique.

C. E. d'HANENS.

COPIE DE LA RÉPONSE MINISTÉRIELLE.

Bruxelles, le 4 juin 1833.

Ministère de l'intérieur.

Direction du commerce et de l'industrie, n°. 92.

A M. d'Hanens de Putte, à Bruxelles.

Le roi m'a envoyé le mémoire que vous lui avez adressé le 6 du mois dernier sur l'utilité de la route en fer vers la frontière et sur la possibilité de lier cette communication au Danube pour porter notre commerce au centre de l'Allemagne.

Je ne doute pas, Monsieur, que S. M. n'ait lu ce mémoire avec tout l'intérêt qu'elle attache à la prospérité du pays, et je me fais un plaisir de vous assurer que le gouvernement profitera des larges vues qu'il présente.

Le ministre de l'intérieur, C. ROGIER.

COPIE D'UNE LETTRE DE L'INGÉNIEUR EN CHEF DES PONTS-ET-CHAUSSÉES DE LA FLANDRE ORIENTALE.

Gand, le 1er. juin 1833.

Monsieur d'Hanens,

J'apprécie à sa véritable valeur les beaux projets dont vous m'entretenez dans la lettre que vous m'avez fait l'honneur de m'adresser le 18 du mois dernier.

La nécessité de nous mettre en relation avec le gouvernement bavarois, à cet égard, ne me paraît pas pouvoir être mise en doute, et M. Teichman, inspecteur-général des ponts-et-chaussées, que vous connaissez, la reconnaîtra certainement; je pense que vous ne pouvez faire une démarche plus utile à la réalisation de vos plans que de l'en entretenir, et je vous y engage fortement.

Si vous pouviez disposer d'un exemplaire du rapport

que vous avez remis à S. M., vous m'obligeriez particulièrement en me le fesant parvenir.

J'ai l'honneur, etc.

L'ingénieur en chef des ponts-et-chaussées,

NOEL.

AU ROI DE BAVIÈRE.

Liége, le 8 septembre 1835.

Sire,

Après de mûres réflexions basées sur l'expérience et sur l'examen comparatif des résultats obtenus pour les communications par chemins de fer et ceux par canaux, au moment où les États de la Bavière viennent d'adopter la construction d'un canal de jonction du Rhin au Danube d'après le mode qu'en 1830 j'ai eu l'honneur de présenter à V. M. (1), je prends la liberté de m'adresser à elle pour tâcher, avant que cette entreprise ne soit mise à exécution, de la convaincre qu'il vaudrait mieux abandonner le projet de jonction par un canal et le remplacer par celui d'une route en fer, à établir depuis le Mein (de la limite du territoire bavarois) jusqu'au Danube, dans la direction la plus courte et qui offre le moins d'obstacles, par les motifs que la construction d'un che-

(1) Le canal Louis s'exécute d'après un mode d'association présenté par l'auteur.

min de fer évitera en grande partie et peut-être entièrement de canaliser le Mein et l'Altmuhle, de faire des canaux en maçonnerie d'une construction très difficile et coûteuse, d'entraver la communication par le grand nombre d'écluses; qu'une route en fer sera moins dispendieuse, nécessitera moins d'expropriations de terrains, procurera au commerce intérieur et extérieur beaucoup plus d'avantages, sera plus analogue aux progrès du siècle et offrira plus de garantie aux bailleurs de fonds par l'augmentation de circulation que la promptitude dans les transports ne peut manquer d'y apporter, et par l'assurance qu'un moyen de transport plus prompt et plus économique ne sera pas mis en concurrence, ce qui pourrait avoir lieu s'il plaisait à V. M. ou à ses successeurs d'autoriser l'établissement d'un chemin de fer après la construction du canal.

D'ailleurs l'expérience a démontré que l'avantage à retirer des canaux est bien inférieur à celui des routes en fer, même pour les actionnaires, puisqu'en Angleterre, par exemple, de Manchester à Liverpool les canaux sont presqu'entièrement abandonnés, quoiqu'ils soient construits aux frais des négocians de ces deux villes qui font transporter leurs marchandises par le chemin de fer depuis son établissement et abandonnent ainsi les produits des canaux pour jouir de la promptitude dans les expéditions que leur offre la voie des *rails-ways*, par laquelle marchandises et voyageurs parcourent la distance entre ces deux villes (31 milles anglais) en 2 heures.

Un chemin de fer n'exigerait pas le quart de l'espace que demande l'excavation du plus petit canal, sa direction est tout-à-fait indépendante de celle des eaux qui maîtrisent toujours l'emplacement des canaux; par la construction d'un chemin de fer on peut éviter les travaux de maçonnerie dans les marais, pour empêcher l'absorption, si dispendieux et si longs à terminer, ou ces énormes déblais qu'exige l'etablissement d'un canal dans les contrées montagneuses. L'usage des chemins de fer ne demande pas, comme celui des canaux, que les eaux destinées à l'irrigation des prairies, ou servant de moteur aux usines, soient enlevées à l'agriculture ou à l'industrie; pour favoriser les transports par les chemins de fer, les côtes peuvent facilement être franchies et les pentes accélèrent les transports au lieu qu'elles les retardent par les canaux, à cause des écluses à traverser; les glaces et les sécheresses pendant une grande partie de l'année annuleraient en Bavière les transports par canaux, tandis que les intempéries des saisons n'influent en aucune manière sur ceux effectués par chemin de fer.

Les exigeances du commerce, le goût du grand nombre de voyageurs (sur lesquels il ne faudrait pas compter par un canal), les approvisionnemens militaires font que la vitesse dans le transport ne doit pas être passée sans considération, et sur un chemin de fer un cheval peut traîner 150 quintaux, poids moyen, avec 4 fois plus de vitesse qu'il ne pourrait les transporter par canal; il est vrai qu'il peut traîner davantage par bateau, mais le maximum du poids qu'il peut traîner dans les eaux mortes d'un canal étant de 600 quintaux, pour lesquels il lui faut 4 fois autant de temps que pour transporter les 150 quintaux par chemin de fer, il en résulte que dans le même espace de temps un cheval peut transporter en 4 fois les 600 quintaux qu'il pourrait traîner au moyen d'un bateau, dont la vitesse ne peut être augmentée que par un surcroît considérable de force à employer, et qui serait encore retardée par le passage des écluses, ce qui formera toujours un obstacle invincible, tandis que sur un chemin de fer cette vitesse peut être augmentée à tel point, par l'effet des machines à vapeur locomotives, que ces 600 quintaux pourront être transportés sur ces routes avec une vitesse de 8 lieues à l'heure sur un plan horizontal, et, en franchissant un plan incliné, de 1 sur 200 ; les inclinaisons plus fortes pourront un peu retarder cette vitesse, mais toutes les pentes pourront être franchies à l'aide de machines à vapeur fixes, situées au sommet des hauteurs.

Une considération qui n'est pas sans intérêt pour la Bavière et qui milite pour l'établissement du chemin de fer, est l'énorme consommation de bois de sapin et autre qui entre dans sa construction, et qui annuellement est nécessaire pour les réparations et l'entretien. Cette branche de richesse territoriale y trouverait un débouché que n'offrirait point un canal, qui ne réclame pour les écluses qu'une certaine espèce de bois, et cette même grande quantité de bois nécessaire, qui se trouve à pied d'œuvre, diminuerait de beaucoup la dépense de l'établissement sur le calcul des prix de constructions semblables faites en Angleterre, ici et ailleurs, où le prix de cette matière première est de beaucoup plus élevé.

J'espère que V. M. prendra en considération le rapport que j'ai l'honneur de lui soumettre, et si mes observations sont dignes d'attirer l'attention du gouvernement, je serai heureux d'avoir contribué au bien-être et à la prospérité de la Bavière, qui m'est chère depuis que j'ai eu l'honneur de recevoir de V. M. le titre de son commissaire royal honoraire, et je l'eusse mieux prouvé si je n'avais pas été, au moment de ma nomination, atteint d'une maladie grave; si la séparation du royaume des Pays-Bas n'eût pas eu lieu et surtout si V. M. ne m'eût pas retiré le mandat qu'elle m'avait confié, au moment où j'avais tout disposé, comme il conste par ma lettre du 1er. septembre 1831, pour l'exécution du grand projet de réunion du Rhin au Danube, d'après le mode qu'elle a sanctionné le 14 août dernier, et pour l'établissement d'une navigation à la vapeur sur ces deux fleuves, démission dont je ne puis trouver le motif que dans ma maladie et ma qualité de Belge; car ma position sociale, par mes parens, par moi-même et mes antécédens ne me permettent pas de supposer un autre motif, étant persuadé d'avoir tout fait pour parvenir au résultat que V. M. vient d'obtenir pour la formation d'une société pour l'exécution du canal Louis, de n'avoir épargné ni frais, ni temps, ni démarches, bien que je n'eusse la prévision d'aucun salaire (1), et par l'assurance que je puis donner encore à V. M. que je suis toujours prêt à servir la Bavière partout où je pourrais lui être de quelqu'utilité.

J'ai l'honneur, etc.

C. E. D'HANENS, *ex-commissaire royal.*

---

(1) Je n'ai reçu ni salaire, ni restitution de frais, ni témoignage quelconque de gratitude, et pas même de réponse au présent rapport dont j'ai envoyé copie au ministère de l'intérieur à Munich.

www.ingramcontent.com/pod-product-compliance
Lightning Source LLC
LaVergne TN
LVHW050504160826
845677LV00003B/926

* 9 7 8 2 3 2 9 6 5 7 4 5 5 *